中国林业出版社

# 中国顶级建筑表现案例精选①
# 商业建筑（上）
## BUSINESS BUILDING

中国林业出版社

**图书在版编目（CIP）数据**

中国顶级建筑表现案例精选 . ① , 商业建筑 ／《中国顶级建筑表现案例精选》编委会编 . —— 北京 ：中国林业出版社 ，2016.7

ISBN 978-7-5038-8632-4

Ⅰ . ①中… Ⅱ . ①中… Ⅲ . ①商业－服务建筑－建筑设计－作品集－中国 Ⅳ . ① TU206 ② TU247

中国版本图书馆 CIP 数据核字 (2016) 第 176060 号

主　　编：李　壮
副 主 编：李　秀
艺术指导：陈　利
编　　写：徐琳琳　　卢亚男　　谢　静　　梅　非　　王　超　　吕聃聃　　汤　阳
　　　　　林　贺　　王明明　　马翠平　　蔡洋阳　　姜雪洁　　王　惠　　王　莹
　　　　　石薛杰　　杨　丹　　李一茹　　程　琳　　李　奔
组　　稿：胡亚凤
设计制作：张　宇　　马天时　　王伟光

**中国林业出版社·建筑分社**
责任编辑：纪　亮、王思源

出　版：中国林业出版社（100009 北京西城区德内大街刘海胡同 7 号）
印　刷：北京利丰雅高长城印刷有限公司
发　行：新华书店
电　话：（010）8314 3518
版　次：2016 年 7 月　第 1 版
印　次：2016 年 7 月　第 1 次
开　本：635mm×965mm，1/16
印　张：21
字　数：200 千字
定　价：720.00 元（上、下册）

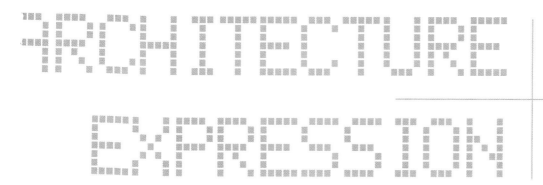

ARCHITECTURE
EXPRESSION

目录
CONTENTS

ARCHITECTURE EXPRESSION

商业建筑
BUSINESS BUILDING

酒店宾馆
HOTELS AND GUESTHOUSES

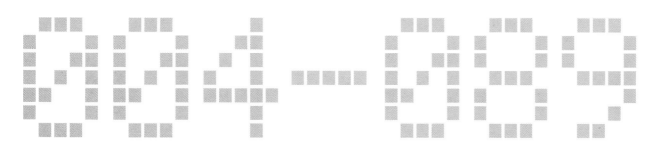

004—089

**1** 武汉某酒店
设计：深圳市同济人建筑设计有限公司
绘制：深圳市原创力数码影像设计有限公司

**2** 仙游酒店
设计：深圳市建筑设计研究总院有限公司第三分公司
绘制：深圳龙影数码科技有限公司

**3** 昊园广场酒店
设计：中国联合工程公司
绘制：杭州骏翔广告有限公司

**1** 镇江某酒店

　设计：九筑行建筑顾问有限公司
　绘制：高方

**2** 某酒店

　绘制：河南灵度建筑景观设计咨询有限公司

**3** 某酒店

　绘制：福州全景计算机图形有限公司

1 广东梅州某酒店
设计：金兰国际
绘制：上海赫智建筑设计有限公司

2 3 渭南某酒店
设计：中联西北工程设计研究院
绘制：西安筑木数码科技有限公司

1

1 某酒店习作
　绘制：成都艺维平面设计有限公司

2 大连东港酒店及公寓
　设计：意境（上海）建筑设计有限公司
　绘制：上海鼎盛建筑设计有限公司

1 2 某酒店
设计：温州中宇建筑设计院 谢文俊 南叶
绘制：温州焕彩传媒

3 太仓酒店
设计：上海唯筑建筑设计有限公司
绘制：上海翼觉建筑设计咨询有限公司

**1** 海南三亚红树林酒店

　　设计：意境（上海）建筑设计有限公司
　　绘制：上海鼎盛建筑设计有限公司

**2** 丹阳酒店方案一

　　设计：张昕
　　绘制：上海千暮数码科技有限公司

**3** 丹阳酒店方案二

　　设计：张昕
　　绘制：上海千暮数码科技有限公司

**4** 丹阳酒店方案三

　　设计：张昕
　　绘制：上海千暮数码科技有限公司

**1** 某酒店

　绘制：福州全景计算机图形有限公司

**2** 鄂尔多斯某酒店

　设计：加拿大宝佳国际建筑师有限公司
　绘制：北京华洋逸光建筑设计咨询顾问有限公司

**3** 某宾馆

　绘制：上海翰境数码科技有限公司

**4** 某酒店

　绘制：上海翰境数码科技有限公司

**1** 绍兴某酒店
设计：万品建筑设计（上海）有限公司
绘制：上海鼎盛建筑设计有限公司

**2** 青岛某酒店
设计：上海新特思建筑设计咨询有限公司
绘制：上海鼎盛建筑设计有限公司

**3** 江郎山酒店
绘制：上海鼎盛建筑设计有限公司

**4** 泉州泰和酒店
设计：深圳市建筑设计研究总院有限公司第三分公司
绘制：深圳龙影数码科技有限公司

4

1 珠海某酒店
　　设计：杨工
　　绘制：广州风禾数字科技有限公司

2 云南大金马酒店
　　设计：广州市景森工程设计顾问有限公司
　　绘制：广州市一创电脑图像设计有限公司

3 泰华地产酒店
　　设计：上海百致建筑设计有限公司
　　绘制：上海艺筑图文设计有限公司

4 某酒店
　　设计：中科院建筑设计研究院有限公司
　　绘制：河南灵度建筑景观设计咨询有限公司

**1** 凤凰酒店

　　设计：上海城市空间建筑设计有限公司
　　绘制：上海艺筑图文设计有限公司

**2** 邯郸某酒店

　　设计：唐斌
　　绘制：宁波锦绣华绘图文设计有限公司

**3** 某酒店

　　设计：山东同圆建筑设计集团有限公司
　　绘制：济南雅色机构

**4** 布吉某酒店

　　设计：同济人建筑设计公司
　　绘制：深圳市森凯盟数字科技

**1 2 3 4 5 富建酒店**
设计：苏州二建集团设计研究院有限公司
绘制：SAV GROUP／苏州斯巴克林

**1** 淀山湖某酒店
设计：上海 NWA 建筑设计有限公司
绘制：上海艺筑图文设计有限公司

**2** 山海天酒店
设计：上海鼎盛建筑设计有限公司
绘制：上海鼎盛建筑设计有限公司

**3** 徐州某酒店
设计：上海鼎实建筑设计有限公司
绘制：上海艺筑图文设计有限公司

**1 4 华宇酒店**
设计：卓创国际
绘制：重庆叠晶数码科技有限公司

**2 3 兰州新胜利宾馆**
设计：浙江大学建筑设计研究院 A2 工作室
绘制：杭州炫蓝数字科技有限公司

1 2 乌审旗酒店
　　绘制：北京屹巅时代建筑艺术设计有限公司

3 徐州维维酒店
　　设计：广州市景森工程设计顾问有限公司
　　绘制：广州市一创电脑图像设计有限公司

1 2 3 4 5 6　榆林某酒店

绘制：上海创腾文化传播有限公司

1

2

3

**1 2 江苏宿迁酒店**

设计：宏正建筑设计院　周志平
绘制：杭州景尚科技有限公司

**3 4 5 曙光国际大酒店**

设计：浙江翰城建筑设计有限公司
绘制：杭州炫蓝数字科技有限公司

**1 2 3 惠州某酒店**

设计：物业国际
绘制：深圳市水木数码影像科技有限公司

**4 某精品酒店**

设计：王孝雄建筑设计有限公司
绘制：成都市浩瀚图像设计有限公司

**1 2 3** 斯里兰卡某酒店

绘制：北京屹巅时代建筑艺术设计有限公司

**4** 前进路一路酒店

设计：个人设计工作室
绘制：武汉星奕筑建筑设计有限公司

4

1

**1** 某酒店
设计：上海群马建筑设计咨询有限公司
绘制：上海翼觉建筑设计咨询有限公司

**2** 某酒店
绘制：上海翰境数码科技有限公司

**3 4** 嘉善宾馆
设计：宏正建筑设计院　戴锋
绘制：杭州景尚科技有限公司

4

**1** **2** **3** **4** 江西青铜宾馆

设计：CCDI(SHENZHEN)
绘制：深圳市水木数码影像科技有限公司

1 2 某酒店

设计：深圳市物业国际建筑设计有限公司
绘制：深圳尚景源设计咨询有限公司

3 4 深圳龙岗酒店

设计：广州市五合国际设计有限公司（上海分公司）
绘制：上海千暮数码科技有限公司

设计：中科院建筑设计研究院
绘制：河南灵度建筑景观设计咨询有限公司

**2 未来城酒店**

设计：湖南建筑科学研究院
绘制：长沙市雨花区凡创室内设计工作室

**1 某酒店**

设计：中科院建筑设计研究院
绘制：河南灵度建筑景观设计咨询有限公司

**2 未来城酒店**

设计：湖南建筑科学研究院
绘制：长沙市雨花区凡创室内设计工作室

**3 某酒店**

设计：湖南建筑科学研究院
绘制：长沙市雨花区凡创室内设计工作室

4 5 6 皇家名典大酒店
绘制：宁波筑景

4

5

6

**1 2 3 河南省濮阳市宾馆**

设计：邹益辉
绘制：河南灵度建筑景观设计咨询有限公司

--------------------------------------------------------

**4 白沙五星级酒店**

设计：湘潭市规划建筑设计院
绘制：长沙大涵设计

--------------------------------------------------------

**5 升华大酒店**

设计：达州建筑设计研究院　赵国宏
绘制：成都市浩瀚图像设计有限公司

--------------------------------------------------------

4

5

1 2 3 沙溪古镇度假酒店
绘制：上海鼎盛建筑设计有限公司

4 石台某酒店
设计：上海群马建筑设计咨询有限公司
绘制：上海冀竞建筑设计咨询有限公司

5 盛泽酒店
设计：中国科学院上海分院
绘制：上海艺筑图文设计有限公司

**1** 某酒店

　　绘制：上海翰境数码科技有限公司

**2** 陇原春天酒店

　　设计：中联西北工程设计研究院
　　绘制：西安筑木数码科技有限公司

**3** 某酒店

　　设计：大陆建筑设计有限公司　王崎
　　绘制：成都市浩瀚图像设计有限公司

**4** **5** 艾维克酒店

　　绘制：北京原鼎世纪建筑设计咨询公司

**6** 文景路某酒店

　　设计：深圳城建工程有限公司西安分公司
　　绘制：西安筑木数码科技有限公司

**1** 瓦胡同酒店

　　设计：中联西北工程设计研究院
　　绘制：西安筑木数码科技有限公司

**2** 某酒店

　　设计：上海群马建筑设计咨询有限公司
　　绘制：上海翼觉建筑设计咨询有限公司

**3** 某酒店

　　绘制：重庆光头建筑表现

**1 2 3** 峨眉山 7 星酒店

设计：泛太平洋设计与发展有限公司
绘制：上海艺筑图文设计有限公司

**4** 仙居酒店

设计：泛太平洋设计与发展有限公司
绘制：上海艺筑图文设计有限公司

4

5

6

7

1 2 3 4 5 6 7 8 某宾馆

设计：上海大椽建筑设计事务所
绘制：上海鼎盛建筑设计有限公司

8

1 2 3 4 5 6 7 朱家尖宾馆群

设计：舟山市建筑规划设计研究院
绘制：杭州骏翔广告有限公司

**1** 某酒店

设计：邓国全
绘制：深圳市长空永恒数字科技有限公司

**2** 万振温泉度假酒店

设计：合肥工业大学建筑设计院
绘制：合肥 T 平方建筑表现

**3 4 5 6** 舟山宾馆群

设计：舟山市建筑规划设计研究院
绘制：杭州骏翔广告有限公司

1 2 3 4 5 6 7 舟山宾馆群

设计：舟山市建筑规划设计研究院
绘制：杭州骏翔广告有限公司

**1 2 3 4 5 大龙湖酒店**

设计：广州市景森工程设计顾问有限公司
绘制：广州市一创电脑图像设计有限公司

4

5

**1 2** 地铁 M7 号线五星级酒店
　　绘制：杭州潘多拉数字科技有限公司

**3** 某酒店
　　设计：上海中兴志成设计有限公司
　　绘制：上海翼觉建筑设计咨询有限公司

**1 2** 地铁 M7 号线五星级酒店
　　绘制：杭州潘多拉数字科技有限公司

3

1

**1 2 东方红酒店**

设计：湘潭规划设计院
绘制：长沙大涵设计

**3 4 5 6 杭州余杭超山酒店**

设计：联创国际
绘制：上海三藏环境艺术设计有限公司

1 2 3 4 5 连云港酒店

设计：中国联合工程公司
绘制：杭州骏翔广告有限公司

 德宝商务大酒店

设计：北京五德 SYN
绘制：北京映像社稷数字科技

2 上海苏宁阿尼玛酒店

设计：上海亚图建筑设计咨询有限公司
绘制：上海鼎盛建筑设计有限公司

3 太原凯宾斯基酒店
设计：加拿大宝佳国际建筑师有限公司
绘制：北京华洋逸光建筑设计咨询顾问有限公司

4 5 重庆华宇龙湾酒店
设计：香港华艺建筑设计
绘制：深圳市水木数码影像科技有限公司

**1** 海阳酒店

设计：山东同圆建筑设计集团有限公司
绘制：济南雅色机构

**2** 华山温泉酒店

设计：同济大学设计院西安分院
绘制：西安筑木数码科技有限公司

**3** 某酒店
　　绘制：成都上润图文设计制作有限公司

**4** 喀什酒店
　　绘制：北京未来空间建筑设计咨询有限公司

**5** 露亭开元大酒店
　　设计：舟山市建筑规划设计研究院
　　绘制：杭州骏翔广告有限公司

**6** 某五星级酒店
　　设计：浙江省建筑设计研究院
　　绘制：杭州骏翔广告有限公司

**7** 深圳快捷酒店
　　设计：王工
　　绘制：东莞市天海图文设计

**1 2 沙湖酒店**

设计：张健坤
绘制：上海赫智建筑设计有限公司

**3 4 5 某宾馆**

设计：中南建筑设计院
绘制：宁波筑景

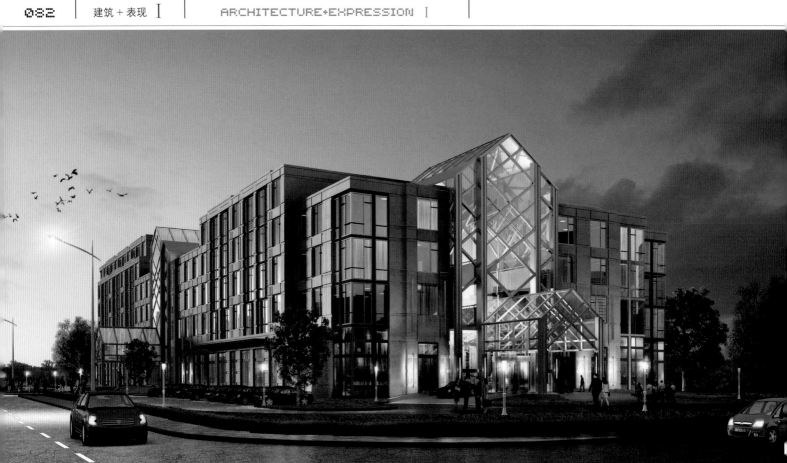

**1 2 静海子牙起步区商务酒店**

　　设计：伟信（天津）工程咨询有限公司
　　绘制：天津千翼数字科技有限公司

**3 4 华侨城酒店**

　　设计：意大利迈丘设计事务所
　　绘制：深圳市深白数码影像设计有限公司

**5 某酒店**

　　绘制：上海翰境数码科技有限公司

千頃蒹葭十裡洲
溪居宜月更宜秋
鷗鳧挨水高僧舍
鶴鴳巢雲名士樓
崿葡葉分飛鷺羽
荻蘆花散釣魚舟
黃橙紅柿紫菱角
不羨人間萬户侯

**1 2 商洛万豪酒店**

设计：中联西北工程设计研究院
绘制：西安筑木数码科技有限公司

**4 某酒店**

设计：高从兵
绘制：深圳市原创力数码影像设计有限公司

**3 天津某度假酒店**

绘制：北京原鼎世纪建筑设计咨询公司

**5 苏仙岭景区度假酒店**

设计：湖南省建筑设计院
绘制：长沙市雨花区凡创室内设计工作室

**1** 梅城宾馆
设计：新中环
绘制：杭州漫沿图文

**2** 某酒店
设计：中科院建筑设计研究院有限公司河
绘制：河南灵度建筑景观设计咨询有限公司

**3** 深圳某快捷酒店

绘制：东莞市天海图文设计

**4** 某酒店

绘制：北京汉中益数字科技有限公司

**5** 周泉酒店

设计：中翔建筑设计院
绘制：杭州景尚科技有限公司

**6** 深圳市某五星级酒店

设计：深圳合大国际工程设计有限公司
绘制：深圳龙影数码科技有限公司

**1 2 3 杭州湾新城宾馆**
设计：北京概念源设计有限公司
绘制：宁波筑景

**4 6 升华大酒店住宅**
设计：达州建筑设计研究院　赵国宏
绘制：成都市浩瀚图像设计有限公司

**5 某酒店**
设计：杨工
绘制：西安巨腾建筑设计咨询有限公司

**7 8 9 某酒店**
绘制：上海翰境数码科技有限公司

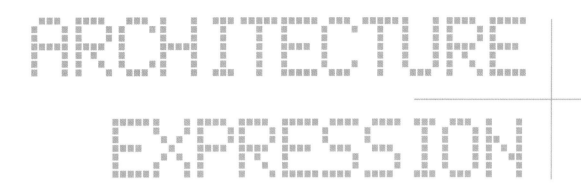

商业建筑
BUSINESS BUILDING

商业中心和商业区
BUSINESS CENTER AND BUSINESS AREA

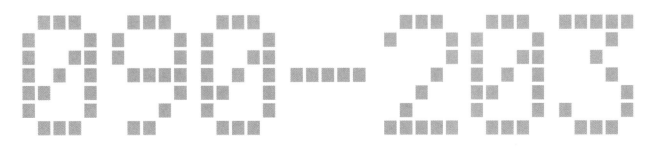

**1 2 3** 唐山某商场
设计：卓创国际
绘制：重庆叠晶数码科技有限公司

**1 2 3** 福民大厦

设计：深圳华太设计
绘制：深圳市图腾广告有限公司

**1 2 3 4 宝龙商业**

设计：高红静
绘制：上海三藏环境艺术设计有限公司

**1 2 3 4 宝龙商业**
设计：联创国际
绘制：上海三藏环境艺术设计有限公司

**1 2 3 4 5** 成都中天商业区
设计：同建强华重庆公司
绘制：凡图设计（重庆）

**1 2 3 4** 呼和浩特某住宅商业

设计：北京维拓时代建筑设计有限公司
绘制：北京力天华盛建筑设计咨询有限责任公司

**1 2** 昆明城中村商业区

设计：重庆杰创建筑设计有限公司
绘制：凡图设计（重庆）

**3 4** 人民路商场

设计：苏州二建集团设计研究院有限公司
绘制：SAV GROUP／苏州斯巴克林

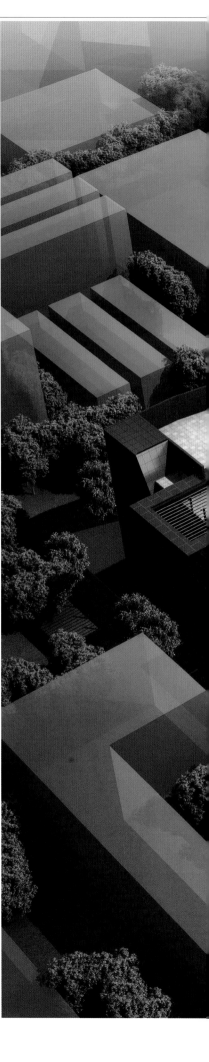

1 2 3 4 邵武商业

设计：上海汇裕建筑设计有限公司
绘制：上海千暮数码科技有限公司

**1 2 3 4 5** 天津泰达时尚广场

绘制：北京屹巅时代建筑艺术设计有限公司

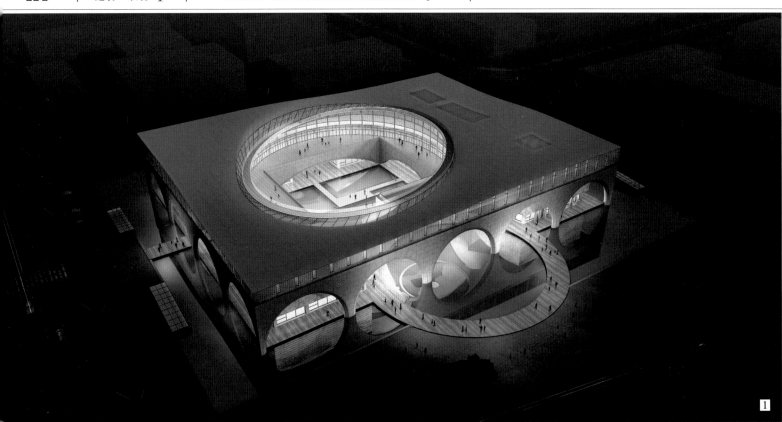

1 2 3 4 5 6 7 万祺城市摩尔

设计：北京五德SYN

绘制：北京映像社暖数字科技

**1 2 3 兰州商贸城**

设计：深圳市建筑设计总院第 2 设计所
绘制：深圳龙影数码科技有限公司

1 2 某商业

　绘制：北京汉中益数字科技有限公司

3 4 意邦环球商业广场

　设计：杭州中亮建筑景观设计有限公司
　绘制：杭州漫沿图文

1 2 3 4 5 华联华阳商业

设计：德阳建筑设计院
绘制：成都上润图文设计制作有限公司

1

2

**1 2 3** 步步高商业

设计：湘潭市规划建筑设计院
绘制：长沙大涵设计

**4 5** 重庆某商业

设计：上海城市空间建筑设计有限公司
绘制：上海艺筑图文设计有限公司

**1 2 巴国婚堂**

设计：卓创国际
绘制：重庆叠晶数码科技有限公司

**3 4 梅里商城**

设计：大陆建筑设计有限公司　王崎
绘制：成都市浩瀚图像设计有限公司

**1 2 3 4** 东莞常平某商场

设计：上海禾置建筑工程设计咨询有限公司
绘制：上海鼎盛建筑设计有限公司

**1 2 3 4** 诸暨 26# 地块商业

设计：上海弘城国际

绘制：上海赫智建筑设计有限公司

**1 2 3 4 福州城市公园**

设计：卓创国际
绘制：重庆叠晶数码科技有限公司

**1 2 3** 扬州某商业中心

设计：九筑行建筑顾问有限公司
绘制：高方

**1 2 3** 耒阳龙腾·中央城

设计：袁铂贺
绘制：广州市一创电脑图像设计有限公司

**4 5** 霍尔果斯轻纺工业用地商业

设计：成都华盟建筑设计
绘制：成都上润图文设计制作有限公司

4

5

1 2 3 4 5 6 九江八里湖商业

设计：一也建筑设计
绘制：上海三藏环境艺术设计有限公司

**1 3** 涪陵美凯龙
　设计：卓创国际
　绘制：重庆叠晶数码科技有限公司

**2** 昆明美凯龙
　设计：卓创国际
　绘制：重庆叠晶数码科技有限公司

**1 2 葫芦岛兰花财富广场**
　绘制：北京屹巅时代建筑艺术设计有限公司

**3 4 5 鸿坤理想商业中心**
　绘制：北京屹巅时代建筑艺术设计有限公司

1 2 3 顺德龙山商业

设计：深圳市同济人建筑设计有限公司
绘制：深圳市原创力数码影像设计有限公司

4 5 眉山商业城

设计：中国建筑西南设计研究院 冯坤
绘制：成都市浩瀚图像设计有限公司

1 2 3 4 5 6 昊园广场

设计：中国联合工程公司
绘制：杭州骏翔广告有限公司

1 2 3 4 5 6 吉林延吉某商业

设计：上海非思建筑设计有限公司
绘制：上海非思建筑设计有限公司

1 2 3 4 5 吉林延吉某商业

设计：上海非思建筑设计有限公司
绘制：上海非思建筑设计有限公司

1 2 洛阳市某商业
　设计：机械工业第四设计研究院
　绘制：洛阳张涵数码影像技术开发有限公司

3 4 5 某商场
　绘制：上海翰境数码科技有限公司

**1 2 3 4 某古玩市场**

设计：四川华胜建筑设计
绘制：成都上润图文设计制作有限公司

设计：联创国际
绘制：上海三藏环境艺术设计有限公司
1 2 3 4 5 6 7 嘉定某商业区

**1 2** 临汾某商场

绘制：北京屹巅时代建筑艺术设计有限公司

**3 4** 某商场

绘制：上海翰境数码科技有限公司

**1 2 3** 某商业

设计：赛朴莱茵

绘制：上海日盛 & 南宁日易盛设计有限公司

**1 2 3 4 无锡哥伦布广场**

设计：联创国际
绘制：上海三藏环境艺术设计有限公司

1 2 某灯具城

设计：深圳粤鹏建筑设计有限公司
绘制：南昌格雅建筑设计有限公司

3 4 深圳东门商厦

设计：LWK(HK)
绘制：深圳市水木数码影像科技有限公司

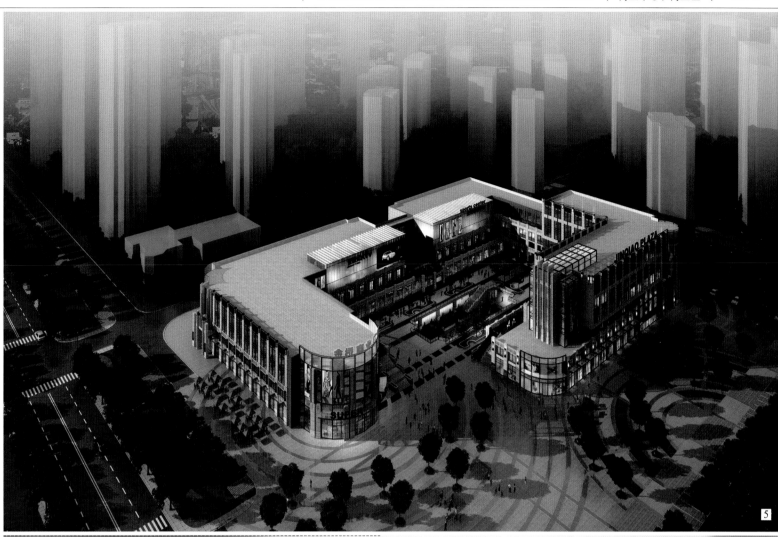

**5 6 澎湖湾商业广场**

设计：10studio— 藤建筑设计工作室
绘制：北京回形针图像设计有限公司

**1** **2** **3** **4** **5** 上海 K11 购物艺术馆

绘制：上海创腾文化传播有限公司

绘制：上海创腾文化传播有限公司

1 2 3 4 5 上海 K11 购物艺术馆

**1 2 3 4 5 泰安五金城**

设计: 建开利源建筑设计有限公司
绘制: 大千视觉（北京）数码科技有限公司

1 2 某商业区                          3 4 沃尔玛

绘制：上海翰境数码科技有限公司          绘制：上海鼎盛建筑设计有限公司

**1 2 3 湘电电子城**

绘制：北京屹巅时代建筑艺术设计有限公司

**4 5 舟山岱山商业**

设计：舟山市建筑规划设计研究院
绘制：杭州骏翔广告有限公司

**1 2** 七五一食堂
设计：北京五德 SYN
绘制：北京映像社稷数字科技

**3 4** 四新商业
设计：一砼建筑设计
绘制：上海三藏环境艺术设计有限公司

1 2 信阳汽车城

设计：宁波市建筑设计研究院
绘制：宁波筑景

3 4 雅安市商业中心

设计：合肥工业大学建筑设计研究院
绘制：合肥T平方建筑表现

**1 2 3 4 5** 下沙商业

设计：考斯顿建筑设计

绘制：上海三藏环境艺术设计有限公司

**1 2 3 4 无锡莫家庄建材市场**

设计：中外建
绘制：上海赫智建筑设计有限公司

1 2 包头石拐购物中心
　　设计：北京五德 SYN
　　绘制：北京映像社稷数字科技

3 4 扬州某大润发
　　设计：九筑行建筑顾问有限公司
　　绘制：高方

**1** **2** 温州龙湾商业

设计：上海唯道建设发展有限公司
绘制：上海鼎盛建筑设计有限公司

**3** **4** 青山新世界

设计：中南建筑设计院
绘制：武汉北极光数码科技有限公司

1 2 3 4 5 6 崇文门菜市场

设计：北京五德 SYN
绘制：北京映像社摆数字科技

1 2 3 4 5 国际轻纺城

设计：美苑郡林建筑设计有限公司　张工
绘制：杭州景尚科技有限公司

4

5

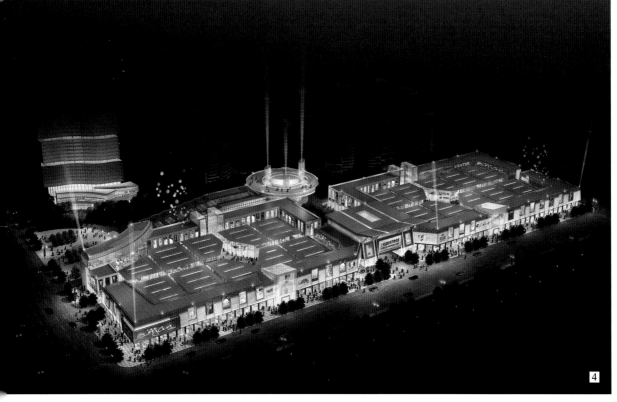

1 2 3 成都海宁皮革城
设计：上海济皓建筑设计有限公司
绘制：上海艺筑图文设计有限公司

4 5 6 7 仁寿建材市场
设计：大陆建筑设计有限公司 王崎
绘制：成都市浩瀚图像设计有限公司

5

6

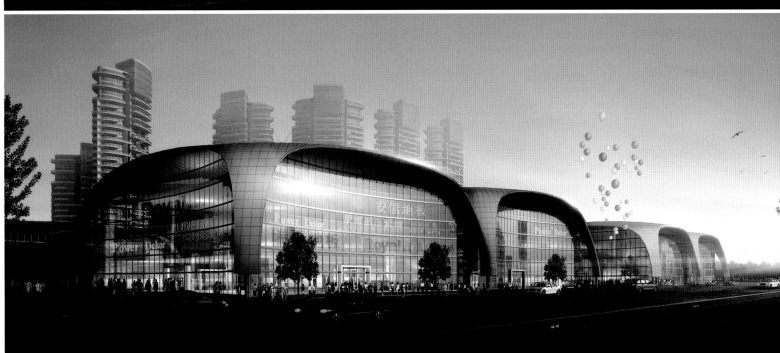

7

**1 2 3 4 5 绿地商业**

设计: 宏正建筑设计院　张杰
绘制: 杭州景尚科技有限公司

3

4

**1 2 3 4 5 绿地商业**

设计: 宏正建筑设计院　张杰
绘制: 杭州景尚科技有限公司

5

**1 2 3 4 5 6** 海盐汽车商贸城
设计：宏正建筑设计院　郑丹萍
绘制：杭州景尚科技有限公司

**1 2 3 4 无锡万科酩悦商业**
绘制：无锡艺派图文设计有限公司

**5 6 7 南阳商贸城**
绘制：北京未来空间建筑设计咨询有限公司

1 2 川矿商业
设计：四川东升工程设计有限责任公司　喻浩
绘制：绵阳市瀚影数码图像设计有限公司

3 4 5 洪合亚太不夜城
设计：美苑都林建筑设计有限公司　张工
绘制：杭州景尚科技有限公司

**1 2** 惠州某商业

设计：香港华艺建筑设计
绘制：深圳市水木数码影像科技有限公司

**3 4 5** 南京浦口奥食卡城

设计：上海禾置建筑工程设计咨询有限公司
绘制：上海鼎盛建筑设计有限公司

**1 2** 某奥迪 4S 店

设计：舟山市建筑规划设计研究院
绘制：杭州骏翔广告有限公司

**3 4** 新五星广场

设计：筑都方圆建筑设计有限公司
绘制：大千视觉（北京）数码科技有限公司

**1 2 浙江温岭东门商厦**

设计：杭州华艺建筑设计有限公司
绘制：杭州拓景数字科技有限公司

**3 4 青岛青特 B 地块商业**

设计：上海鼎实建筑设计有限公司
绘制：上海艺筑图文设计有限公司

1 2 鄂尔多斯某商业

设计：中国建筑设计院
绘制：北京汉中益数字科技有限公司

3 4 5 西部汽配城

设计：沈阳金思澜建筑设计咨询有限公司
绘制：沈阳金思澜建筑设计咨询有限公司

ARCHITECTURE
EXPRESSION

商业建筑
BUSINESS BUILDING

商业综合体
COMMERCIAL COMPLEX

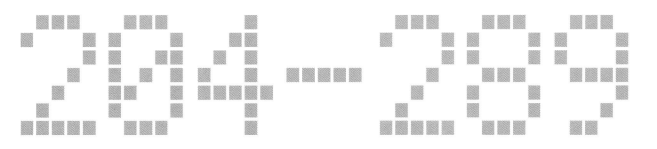

204~289

1 2 博辉万象城商业

设计：王奇
绘制：广州风禾数字科技有限公司

3 4 经蚂蚁特乙甲商业

设计：山东威海新元建筑
绘制：天津天砚建筑设计咨询有限公司

**1** **2** 湖南某广场
  绘制：北京屹巅时代建筑艺术设计有限公司

**3** **4** Q-SMILE
  设计：PNBYG
  绘制：SAV GROUP / 苏州斯巴克林

**1 2 3 沈阳亿丰某商业广场**

设计：华东建筑设计研究院有限公司
绘制：大连蓝色海岸设计有限公司

**1 2 3 4** 南京城市综合体设计

设计：联创国际
绘制：上海三藏环境艺术设计有限公司

1 2 某公共建筑

绘制：西安筑木数码科技有限公司

3 4 某体育场周边地块商业

设计：宏正建筑设计院 顾晓春
绘制：杭州景尚科技有限公司

**1 2** 榆次某商业

绘制：上海朗域数码科技有限公司

**3 4** 滁州某综合体

设计：杭州柏涛建筑景观设计有限公司
绘制：杭州潘多拉数字科技有限公司

**1 2 3 4 5 郑州汇艺综合商业**

设计：联创国际
绘制：上海三藏环境艺术设计有限公司

3

4

5

1

2

1 2 济南商业六地块
设计: 上海林同炎李国豪土建工程咨询有限公司
绘制: 上海非思建筑设计有限公司

3 4 某商业
绘制: 上海艺道建筑表现

1 2 3 4 5 6 圣园大厦

设计：北京中元国际工程设计研究院
绘制：北京华洋浩光建筑设计咨询顾问有限公司

**1 2 3 4 5 圣圆大厦**

设计：北京中元国际工程设计院
绘制：北京华洋逸光建筑设计咨询顾问有限公司

4

5

1

设计：大连城建设计研究院有限公司
绘制：大连蓝色海岸设计有限公司

**1 2 3** 大连中拥综合体

设计：大连城建设计研究院有限公司
绘制：大连蓝色海岸设计有限公司

**1 2 3** 某广场

绘制：上海翰境数码科技有限公司

**1 2 3 湖州商业综合体**

设计：联创国际

绘制：上海三藏环境艺术设计有限公司

**4 5 花样年国际广场**

设计：刘艺

绘制：成都蓝宇图像

4

5

1 2 3 4 5 合肥之心城

设计：福建闽武建筑设计院有限公司
开发：安徽福园投资置业有限公司
绘制：北京回形针图像设计有限公司

1 2 3 4 合肥之心城

设计：福建闽武建筑设计院有限公司
开发：安徽梅园投资置业有限公司
绘制：北京回形针图像设计有限公司

**1 2 3** 贵阳某商业

设计：上海亚图建筑设计咨询有限公司
绘制：上海鼎盛建筑设计有限公司

1

2

1 2 4 5 海宁百汇市场

　　设计：美苑都林建筑设计有限公司　张工
　　绘制：杭州景尚科技有限公司

3 6 黄岗商办综合楼

　　设计：上海鼎实建筑设计有限公司
　　绘制：上海艺筑图文设计有限公司

1 2 3 4 5 成都中村商办综合楼

绘制：上海创腾文化传播有限公司

1 2 3 4 合肥滨湖商业综合体

设计：安徽省建筑设计研究院
绘制：合肥 T 平方建筑表现

**大庆让胡路综合商业**

设计：王良
绘制：上海赫智建筑设计有限公司

**1 2 3 福星惠誉综合商业**
设计：王工
绘制：上海千暮数码科技有限公司

**4 5 江阴某商业综合体**
绘制：上海朗域数码科技有限公司

1 2 3 4 5 6 伊泰国际城市广场

设计：筑都方圆建筑设计有限公司
绘制：大千视觉（北京）数码科技有限公司

1 2 3 4 华府天地

设计：上海恩威建筑设计有限公司
绘制：上海鼎盛建筑设计有限公司

3

**1 2 昆山某综合项目**

设计：王江峰
绘制：上海赫智建筑设计有限公司

**3 4 某商办综合楼**

绘制：上海翰境数码科技有限公司

4

1

■1 ■2 金辉融侨半岛
　　设计：华清安地建筑事务所有限公司
　　绘制：大千视觉（北京）数码科技有限公司

■3 ■4 ■5 胶南科技城
　　设计：李孝季
　　绘制：上海三藏环境艺术设计有限公司

1 2 3 4 5 6 7 郑州汇艺综合商业

设计：联创国际
绘制：上海三藏环境艺术设计有限公司

1 2 保定新区 CBD

设计：天津大学
绘制：天津天唐筑景建筑设计咨询有限公司

3 4 5 百步亭幸福时代

设计：武汉市建筑设计院
绘制：武汉擎天建筑设计咨询有限公司

**1** **2** **3** **4** 重庆某商业

设计：锐点设计
绘制：上海三藏环境艺术设计有限公司

**1** **2** **3** **4** 重庆某商业

设计：锐点设计
绘制：上海三藏环境艺术设计有限公司

**1 2 3 4** 内地某商业办公楼

设计：北京维拓（上海）
绘制：上海冰杉信息科技有限公司

**1 2 3 4 内地某商业办公楼**
设计：北京维拓（上海）
绘制：上海冰杉信息科技有限公司

4

1 2 北华街某商业
设计：武汉轻工建筑设计有限公司
绘制：武汉擎天建筑设计咨询有限公司

3 4 某商业办公楼
设计：胡工建筑师事务所
绘制：上海冰杉信息科技有限公司

**1 2 泰华广场**

设计：上海百致建筑设计有限公司
绘制：上海艺筑图文设计有限公司

**3 4 浙江玉环综合楼**

设计：杭州华艺建筑设计有限公司
绘制：杭州拓景数字科技有限公司

**5 6 某公建**

设计：武汉市建筑设计院
绘制：武汉星奕筑建筑设计有限公司

**1 2 泾阳明天广场**

设计：中联西北工程设计研究院
绘制：西安筑木数码科技有限公司

**3 6 中恒时代广场**

设计：深圳爱普斯顿建筑设计有限公司
绘制：深圳市深白数码影像设计有限公司

**4 5 宣汉广场**

设计：卓创国际
绘制：重庆叠晶数码科技有限公司

**1 2 3 4** 长清港基城市经典项目
设计：山东同圆建筑设计集团有限公司
绘制：济南雅色机构

设计：建开利源建筑设计有限公司
绘制：大千视觉（北京）数码科技有限公司

**1 2 3 4 5 泰安城市综合体**

**1 4 大同君悦广场方案一**

设计：习皓
绘制：北京东篱建筑表现工作室

**2 大同君悦广场方案二**

设计：习皓
绘制：北京东篱建筑表现工作室

**3 大同君悦广场方案三**

设计：习皓
绘制：北京东篱建筑表现工作室

**5 6 广西柳州商业**

设计：上海非思建筑设计有限公司
绘制：上海非思建筑设计有限公司

1 2 3 4 5 东方华园
设计：北京维拓时代建筑设计有限公司
绘制：北京力天华盛建筑设计咨询有限责任公司

6 7 8 金田集团西安航天六院商办综合大楼
设计：温州市天然勘察设计有限公司
绘制：杭州拓景数字科技有限公司

**1** 某公建
设计：RSA
绘制：北京汉中益数字科技有限公司

**2** 某公建
设计：RSA
绘制：北京汉中益数字科技有限公司

**3** 某公建
设计：RSA
绘制：北京汉中益数字科技有限公司

**4 5** 南国春城
设计：广州市景森工程设计顾问有限公司
绘制：广州市一创电脑图像设计有限公司

**6 7** 新疆伊宁万特广场
设计：中天伟业（北京）建筑设计集团（甲级）
绘制：北京回形针图像设计有限公司

**1 2 3 4 5 6 许昌市亨源通城市广场**

设计：河南埃德莫菲建筑设计有限公司
绘制：河南灵度建筑景观设计咨询有限公司

1 2 3 4 5 羊腰湾商业综合区

设计：中联程泰宁建筑设计研究院
绘制：上海艺筑图文设计有限公司

| **1 2 成都锦江商务园** | **3 4 海宏大厦** |
|---|---|
| 设计：中汇建筑设计事务所<br>绘制：深圳佐佑电脑艺术设计有限公司 | 设计：北海院　邓工<br>绘制：上海赫智建筑设计有限公司 |
| **5 6 7 宣南会馆** | **8 9 新天国际广场** |
| 设计：清华大学建筑设计研究院<br>绘制：大千视觉（北京）数码科技有限公司 | 设计：机械工业部深圳设计研究院<br>绘制：广州风禾数字科技有限公司 |

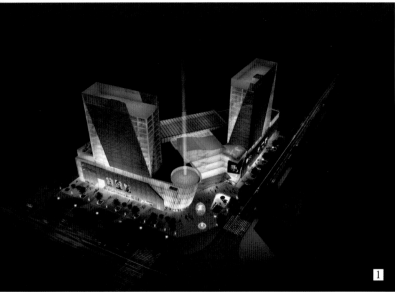

**1 2 3 4 宜宾时代广场**

设计：思纳·史密斯集团（中国）成都设计中心
绘制：成都上润图文设计制作有限公司

**5 6 青岛王子国际**

设计：深圳市博万建筑设计事务所
绘制：广州风禾数字科技有限公司

**7 8 9 华强安阳文化广场**

设计：OUR（HK）设计事务所
绘制：深圳市长空永恒数字科技有限公司

**10 11 江油李白大道项规划**

设计：四川现代公司
绘制：成都上润图文设计制作有限公司

ARCHITECTURE
EXPRESSION

商业建筑
BUSINESS BUILDING

商业街
SHOPPING PEDESTRIAN STREET

290~328

**1 2 3 扬州水街**

设计：上海思纳史密斯建筑设计咨询有限公司
绘制：上海鼎盛建筑设计有限公司

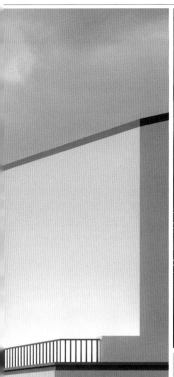

**1** **2** 惠州东坡小镇商业街

设计：深圳阿尔开地环境景观设计有限公司
绘制：深圳龙影数码科技有限公司

**3** **4** 青岛奥特莱斯商业街

设计：深圳卓艺装饰设计工程公司
绘制：上海鼎盛建筑设计有限公司

**1 2 3 4 都江堰黑石河商业街**

设计：虎啸
绘制：成都市浩瀚图像设计有限公司

**1 2** 石羊镇徐渡规划

设计：虎啸
绘制：成都市浩瀚图像设计有限公司

**3** 无锡某商业综合体

设计：大陆建筑设计有限公司　王崎
绘制：成都市浩瀚图像设计有限公司

故人賞栽
與挈壺相
坐至班荆
松下戰
已復醉
父老雜亂前
言觴酌先后

**1 2 3 4 5 梅里古镇区**

设计：大陆建筑设计有限公司　王崎
绘制：成都市浩瀚图像设计有限公司

1 芜湖某商业
　设计：中南建筑设计院
　绘制：宁波筑景

2 南洋商贸广场
　设计：南洋地产
　绘制：江苏印象乾图数字科技有限公司

3 成都华阳住宅商业街
　设计：重庆觉城建筑设计
　绘制：重庆头头建筑表现

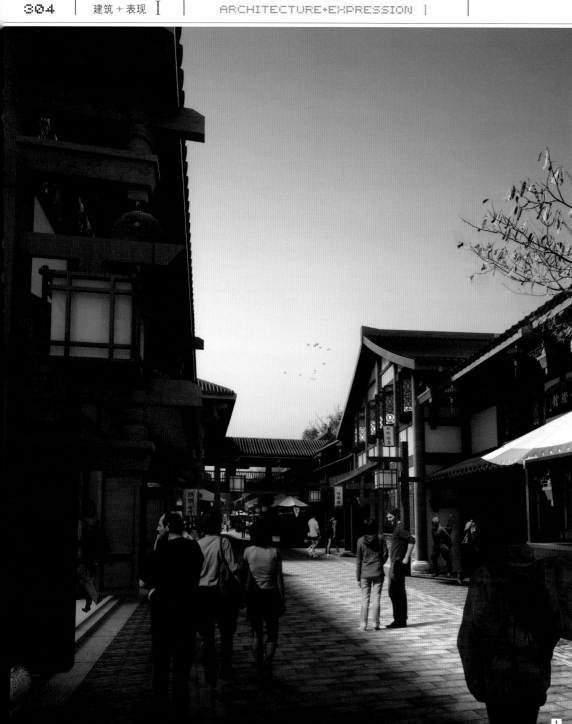

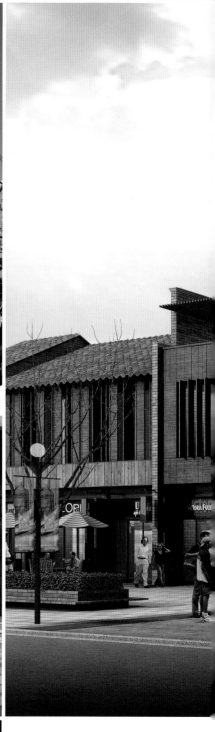

**1 2** 四川某商业街

绘制：上海艺道建筑表现

**3** 盐城某商业街

设计：上海鼎盛建筑设计有限公司
绘制：上海鼎盛建筑设计有限公司

1 2 3 4 5 6 郑州上街

设计：联创国际
绘制：上海三藏环境艺术设计有限公司

1 2 3 江西閤皂山山门广场

设计：北京诚和通达建筑设计工程有限公司

绘制：北京回形针图像设计有限公司

**4 5 山东某住宅区商业街**

设计：天津大学
绘制：天津天唐筑景建筑设计咨询有限公司

**6 某商业街**

绘制：上海翰境数码科技有限公司

**1 2 3 4 5 南昌金城国际**

设计：上海构想
绘制：南昌艺构装饰设计有限公司

**1 2 3 某商业**

设计：成都优创建筑规划设计咨询有限公司
绘制：成都亿点数码艺术设计有限公司

**4 某商业街**

绘制：上海创腾文化传播有限公司

**5 某商业街**

绘制：上海翰境数码科技有限公司

**1 2** 新疆木垒刺绣文化街

　　绘制：北京未来空间建筑设计咨询有限公司

**3** 安吉章村浦源外滩商业街

　　设计：中科院建筑设计研究院有限公司杭州分公司
　　绘制：杭州漫沿图文

**4** 宜兴市新源路商业街

　　设计：江苏华电工程设计院有限公司
　　绘制：无锡艺派图文设计有限公司

**1** 某商业
设计：上海群马建筑设计咨询有限公司
绘制：上海翼觉建筑设计咨询有限公司

**2** 某住宅商业街
绘制：上海翰境数码科技有限公司

**3** 青浦改造
设计：上海博骛建筑工程设计有限公司
绘制：上海鼎盛建筑设计有限公司

**4** 炎陵仿古商业街
设计：株洲千府百思特城市设计有限公司
绘制：深圳市深白数码影像设计有限公司

**1** 某商业街
　　绘制：上海翰境数字科技有限公司

**2** 九江某商业
　　设计：北京汇博建筑设计有限公司
　　绘制：北京汉中益数字科技有限公司

**3** 石家庄大径街
　　设计：南方院
　　绘制：宁波筑景

**4** 南新公园商业街
　　绘制：北京未来空间建筑设计咨询有限公司

**1 2 3 4 包头某住宅临街商业**
设计：北京五德 SYN
绘制：北京映像社稷数字科技

**1** 某住宅区商业

　　设计：于波
　　绘制：朴焕太

**2** **3** 淮安翔宇别院商业街

　　设计：嵇晓春
　　绘制：宁波锦绣华绘图文设计有限公司

**4** **5** 济南中铁商业

　　设计：北京维拓时代建筑设计有限公司
　　绘制：北京力天华盛建筑设计咨询有限责任公司

4

**1 2 沈阳达沃斯住宅商业街**

设计：沈阳都市建筑设计有限公司
绘制：沈阳金思调建筑设计咨询有限公司

**3 某石油公司住宅区商业**

设计：北京高能筑博建筑设计院
绘制：北京东方豹雪数字科技有限公司

**4 荷花塘商业**

绘制：北京屹巅时代建筑艺术设计有限公司

**1** 某商业街

　绘制：上海创腾文化传播有限公司

**2** 维纳阳光商业街

　设计：中南建筑设计院
　绘制：武汉星奕筑建筑设计有限公司

**3** 洛阳市栾川县夹河滩商业

　设计：河南智中建筑设计有限公司
　绘制：洛阳张涵数码影像技术开发有限公司

**4** 泗水水街

　设计：北京舍垣建筑设计咨询有限公司
　绘制：济南雅色机构

1 蓝光商业街
　设计：泛太平洋设计与发展有限公司
　绘制：上海艺筑图文设计有限公司

2 某广场
　设计：深圳市承构建筑咨询有限公司
　绘制：深圳市图腾广告有限公司